BEI GRIN MACHT SICH IHR WISSEN BEZAHLT

- Wir veröffentlichen Ihre Hausarbeit, Bachelor- und Masterarbeit

- Ihr eigenes eBook und Buch - weltweit in allen wichtigen Shops

- Verdienen Sie an jedem Verkauf

Jetzt bei www.GRIN.com hochladen und kostenlos publizieren

Alireza Farman

Konzepte zur Netzintegration von Elektrofahrzeugen

GRIN Verlag

Bibliografische Information der Deutschen Nationalbibliothek:

Die Deutsche Bibliothek verzeichnet diese Publikation in der Deutschen National-bibliografie; detaillierte bibliografische Daten sind im Internet über http://dnb.d-nb.de/ abrufbar.

Impressum:

Copyright © 2010 GRIN Verlag GmbH
Druck und Bindung: Books on Demand GmbH, Norderstedt Germany
ISBN: 978-3-640-93059-3

Dieses Buch bei GRIN:

http://www.grin.com/de/e-book/172991/konzepte-zur-netzintegration-von-elektro-fahrzeugen

GRIN - Your knowledge has value

Der GRIN Verlag publiziert seit 1998 wissenschaftliche Arbeiten von Studenten, Hochschullehrern und anderen Akademikern als eBook und gedrucktes Buch. Die Verlagswebsite www.grin.com ist die ideale Plattform zur Veröffentlichung von Hausarbeiten, Abschlussarbeiten, wissenschaftlichen Aufsätzen, Dissertationen und Fachbüchern.

Besuchen Sie uns im Internet:

http://www.grin.com/

http://www.facebook.com/grincom

http://www.twitter.com/grin_com

Universität Kassel
Institut für Elektrische Energietechnik und
Energieversorgungssysteme

Ausarbeitung für das Seminar Netzintegration dezentraler
Einspeisesysteme

Konzepte zur Netzintegration von Elektrofahrzeugen

Alireza Farman

Abgabetermin: 25.11.2010

Inhalt

1 Einführung

1.1 Motivation

Im Jahr 2009 stellte die Bundesregierung den *Nationalen Entwicklungsplan Elektromobilität* vor. Damit beabsichtigte sie, die Industrie in diesem Themengebiet im internationalen Wettbewerb zu stärken und Deutschland zum Marktführer in der Elektromobilität zu entwickeln. Als Ziel in diesem Entwicklungsplan wurde ein Bestand von einer Million elektrischen Fahrzeugen in Deutschland bis zum Jahre 2020 festgelegt. Hierzu werden aus dem Konjunkturpaket II zwischen 2009 und 2011 500 Mio. Euro für Forschung und Entwicklung in den Bereichen Batterietechnik, Fahrzeugkomponenten und Netzintegration bereitgestellt /1/.

Die elektrisch angetriebenen Fahrzeuge weisen im Gegensatz zu konventionellen Verbrennungsmotoren erhebliche Vorteile auf. Sie stoßen z. B. lokal keine CO_2-Emissionen oder sonstige Schadstoffe aus. Der dadurch zusätzliche Bedarf an Strom soll ausschließlich aus regenerativen Quellen bereitgestellt werden. Dies hat eine reduzierte Abhängigkeit von Primärkraftstoffen wie Mineralöl zur Folge /2/. Nach heutigem Stand der Technik gibt es auf dem Weg zur Marktetablierung dieser Fahrzeuge noch erhebliche Barrieren, wie z. B. den Stand der Entwicklung der Batterien und die Ladeinfrastruktur dieser Fahrzeuge. Hier wird die Industrie durch konkurrierende Ziele wie Verbesserung der Sicherheit, der Energieversorgung und der Leistungsdichte sowie Verringerung der Kosten und Erhöhung der Lebensdauer, vor ernsthafte Herausforderungen gestellt /3/. Zudem unterstützen steigende Ölpreise in ökonomischer Hinsicht die Förderung von elektrischen Fahrzeugen. Selbiges gilt auch bei evtl. zukünftig eingeführten CO2-Emmissions-Besteuerungen von Kraftfahrzeugen. Die Plug-In-Hybrid Modelle stehen momentan verstärkt zur Diskussion. Diese können als Speicher bei Bedarf den Energieversorgern Regelleistung zur Verfügung stellen /4/.

Bei einer geringen Menge an elektrischen Fahrzeugen würde die Energiebereitstellung durch die Energieanbieter problemlos mit Hilfe des bestehenden Netzes funktionieren, aber bei deren rasant steigender Anzahl und deren Ladung zu jedem beliebigen Zeitpunkt könnte es zu höheren Lastspitzen führen. Dieser Fall kommt in der Regel während der Mittagszeit oder am Abend, nachdem die Fahrzeuginhaber von der Arbeit nach Hause gekommen sind und das Fahrzeug laden wollen, vor. Mit Hilfe eines optimierten Ladeverfahrens wäre es möglich, das Fahrzeug immer dann aufzuladen, wenn auf dem Markt nur eine geringe Nachfrage vorhanden ist und der Strom daher günstiger angeboten wird /5/.

Um das genauer zu betrachten, ist es besonders wichtig, die verschiedenen Ladekonzepte durch Simulation verschiedener Szenarien genauer zu betrachten. Dies hat eine bessere energiewirtschaftliche Lösung zur Folge und bietet außerdem die Möglichkeit, ab einer gewissen Anzahl an elektrischen Fahrzeugen diese so ins Netz zu integrieren, dass sie keinen negativen Effekt auf das Netz ausüben.

1.2 Aufbau der Arbeit

In Kapitel zwei *„Netzintegration elektrischer Fahrzeuge"* werden die Übertragungsmöglichkeiten von Strom und Ladestrategien sowie Überlegung zur Schaffung einer Ladeinfrastruktur vorgestellt.

Im dritten Kapitel wird anhand eines Beispiels, das an der Forschungsstelle für Energiewirtschaft e.V. entwickelt wurde, die von einer gewissen Anzahl an elektrischen Fahrzeugen verursachte Wirkung auf das deutsche Stromnetz diskutiert.

Anschließend wird im vierten Kapitel die Arbeit zusammengefasst und ein Fazit gezogen.

2 Netzintegration elektrischer Fahrzeuge

2.1 Arten der Energieübertragung

Elektromotoren benötigen elektrische Energie. Diese muss den Elektrofahrzeugen entweder kontinuierlich zugeführt werden, oder sie benötigen einen Speicher, der in gewissen Abständen aufgeladen werden muss.

2.1.1 *Schleifkontakte/Oberleitung*

Eine Möglichkeit, den Fahrzeugen kontinuierlich Energie zuzuführen, wäre die Installation von Oberleitungen auf allen Straßen. Über Schleifkontakte könnten die Elektromotoren mit Strom versorgt werden, ähnlich wie das heute bei Eisenbahnen oder bei Autoscootern der Fall ist. Allerdings wären die Investitionskosten, um ein flächendeckendes Netz von Oberleitungen zu installieren, extrem hoch.

2.1.2 *Induktive Kopplung*

Energieübertragung durch induktive Kopplung bietet eine weitere Möglichkeit, das Elektrofahrzeug mit Strom zu versorgen. Dabei wird von einer Primärspule ein hochfrequentes magnetisches Feld erzeugt. Im Verbraucher, in unserem Fall im Elektrofahrzeug, befindet sich ebenfalls eine Spule, in der durch das Magnetfeld der Primärspule eine Spannung erzeugt wird. Die induktive Kopplung kann in gleicher Weise genutzt werden wie Schleifkontakte, indem in die Fahrbahn Spulen eingebaut werden. Dieses Prinzip wird heute bereits in Industriehallen eingesetzt. Allerdings fallen auch hier sehr hohe Investitionskosten an, will man das deutsche, oder gar das europäische Straßennetz flächendeckend mit dieser Infrastruktur ausstatten. Alternativ kann man durch induktive Kopplung auch eine Batterie im Fahrzeug aufladen, wie es heute bereits zum Beispiel mit elektrischen Zahnbürsten gemacht wird. Dazu müssen die an der Übertragung beteiligten Spulen allerdings exakt aufeinander ausgerichtet werden. Dann sind mit dieser Technik Wirkungsgrade bis zu 95% möglich /6/. Da die induktive Kopplung berührungslos funktioniert, sind keine Kontakte vorhanden. Dadurch kann die Gefahr von Kurzschlüssen, zum Beispiel durch Nässe, vermieden werden. Nachteile der induktiven Kopplung ergeben sich daraus, dass auch der Aufbau eines Netzes von Ladestationen für dieses System extrem teuer wäre. Ein weiteres Problem stellt die elektromagnetische Verträglichkeit eines solchen Systems dar. Wenn man berücksichtigt, wie große Teile der Bevölkerung auf Mobilfunkmasten reagieren, ist zu befürchten, dass es auch bei induktiven Ladekonstruktionen zu Widerständen gegen die Funkübertragung kommen würde.

2.1.3 *Wechselakku*

Wechselakkus haben den Vorteil, dass mit ihnen das Elektrofahrzeug sehr schnell „aufgetankt" werden kann. An Wechselstationen kann der leere Akku des Fahrzeugs einfach durch einen vollen ausgetauscht werden. Die Akkus können in der Ladestation wieder aufgeladen werden, während das Fahrzeug bereits wieder weiterfahren kann. Neben den Kosten für die Infrastruktur und die zusätzlichen Akkus, die benötigt werden, entstehen hierbei aber weitere Probleme. Da nicht für jedes Modell an jeder Wechselstation ein eigener Akkutyp in ausreichender Zahl vorrätig sein kann, müssten sich die verschiedenen Hersteller auf einheitliche Akkusysteme einigen. Da die Akkus zum Zeitpunkt des Auswechselns in der Regel nicht vollständig entladen sind, muss auch der Restenergiegehalt der ausgetauschten Akkus bestimmt werden, damit der Kunde nur die Energiedifferenz zwischen neuem und altem Akku bezahlen muss. Ein Problem für Wechselakkus ist, dass Akkus einem Alterungsprozess unterliegen. Daher können die Leistung und der Energieinhalt von Akku zu Akku variieren. Daher stellt sich die Frage, inwieweit es von Kunden akzeptiert wird, dass die Leistung ihres Autos davon abhängt, was für einen Akku sie zufällig „getankt" haben.

2.1.4 *Kabel*

Batterien werden mit Gleichstrom geladen. Da jedoch heute Wechselstromübertragung weltweiter Standard ist und hierfür, zumindest in den meisten Ländern, bereits eine gut ausgebaute Infrastruktur vorhanden ist, sollte diese auch für die Energieversorgung der Elektrofahrzeuge genutzt werden. Allerdings kann sich die Art des zur Verfügung stehenden Wechselstroms von Land zu Land unterscheiden. In Deutschland kann der Hausanschluss sowohl mit 230 V Wechselstrom als auch mit dreiphasigem 380 V Drehstrom genutzt werden. In Italien ist ein Hausanschluss meist nur einphasig, mit einer Maximalleistung von 3 kW. In Frankreich sind die Anschlüsse ebenfalls nur einphasig, sind jedoch für höhere Leistungen ausgelegt (18 – 36 kW). In Amerika und Japan wird Wechselstrom mit 110 V und 60 Hz statt der in Europa üblichen 50 Hz verwendet. Daher muss die Ladeelektronik so ausgelegt werden, dass sie mit den verschiedenen Stromnetzen arbeiten kann. Dies sollte jedoch kein allzu großes Problem sein, da bereits heute viele Elektrogeräte so konzipiert sind, dass sie mit unterschiedlichen Spannungen und Frequenzen in den verschiedenen Ländern betrieben werden können.

Für das Laden über einen längeren Zeitraum, zum Beispiel Zuhause, am Arbeitsplatz oder in Parkhäusern, dürfte sich ein 230 V Anschluss am besten eignen, da er billiger ist, und aufgrund der geringeren Leistung auch geringere Schutzmaßnahmen erforderlich sind. Aufgrund der zu erwartenden längeren Standzeiten an diesen Orten, sollte die geringere Leistungsübertragung ausreichend sein. Wenn das Ladekabel und der Laderegler im Auto integriert sind, spart das Kosten zur Schaffung der Infrastruktur. Zusätzlich werden alle Teile, die nicht öffentlich zugängig sind, da sie in einem Fahrzeug integriert sind, besser vor Vandalismus geschützt. Im einfachsten Fall wird zum Laden des Fahrzeugs das Kabel genau wie bei anderen Elektrogeräten in eine Steckdose eingesteckt. Bei Bezug des Stroms außerhalb des eigenen Hausanschlusses muss jedoch eine Bezahlmöglichkeit gegeben sein.

An Stromtankstellen sieht die Sache anders aus: Hier kommt es darauf an, in kurzer Zeit möglichst viel Leistung zu übertragen, da kein Autofahrer bereit ist, stundenlange Tankstopps in Kauf zu nehmen. Daher muss hier auf jeden Fall mit höheren Leistungen, die nur mit Drehstromanschluss zu erreichen sind, gearbeitet werden. Auch hier sollte der Laderegler im Fahrzeug integriert sein, um eine optimale Anpassung des Ladevorgangs an das eingesetzte Speichersystem gewährleisten zu können.

Für den kurzen Ladevorgang an der Stromtankstelle kann das Kabel an derselben Stelle angebracht werden, an der sich momentan der Tankstutzen befindet. Diese Stelle wäre auch für ein seitliches Parken am Straßenrand geeignet. In Parkhäusern und auf vielen Parkplätzen wird jedoch vorwärts eingeparkt. Wenn man davon ausgeht, dass sich die Ladestation am Kopfende eines solchen Parkplatzes befinden wird (eine Ladestation an der Seite jedes Parkplatzes würde sehr viel Platz beanspruchen), würden solche Ladekabel (und auch die Ladekabel des Nachbarfahrzeugs) die Fahrgäste beim Ein- und Aussteigen behindern. Daher scheint es in solchen Situationen sinnvoller, wenn das Ladekabel an der Fahrzeugfront angebracht werden würde. Sofern man ein Fahrzeug für mehrere verschiedene Ladevarianten auslegt, so könnte man den Anschluss zum Laden mit hoher Leistung an der Stromtankstelle an der Position des heutigen Tankstutzens anbringen. Das zur Verbindung notwendige Kabel könnte hierbei Teil der Zapfsäule sein, da an einer überwachten Tankstelle mit Personal weniger Vandalismus zu erwarten ist, als an einer unbeaufsichtigten Ladestation auf einem Parkplatz. Zum unbeaufsichtigten Laden über einen längeren Zeitraum sollte das Kabel an der Fahrzeugfront angeschlossen werden. Das Kabel sollte in diesem Fall mit dem Fahrzeug mitgeführt werden /7/.

2.2 Energiewirtschaftliche Aspekte der Netzintegration

Um dem negativen Einfluss durch die Ladung vieler elektrischer Fahrzeuge vorzubeugen, sind unterschiedliche Ladekonzepte zu prüfen. Als mögliche Zielsetzung könnte die zielgerichtete Integration der regenerativen Energien dienen, während die elektrischen Fahrzeuge als Speicher für diese Energie eingesetzt werden. In Abbildung 2-1 werden mögliche Ladekonzepte und deren Vorteile kurz vorgestellt /5/.

Name	Market	EV	System profit
Direct charging	- Tarifs (Energy, Power, etc…) - Times (everyday)	- EV as a load - No control needed - No communication needed	
Charging during nighttime	- Tarifs (Energy, Power, etc…) - Times (night and Weekend)	- EV as a load - Very simple control needed - Low requirements for communication	
Day-Ahead „Peak Shaving"	- Prices - Power - Energy	- EV as a load - Bidirectional communication - Load schedule	
Intra-Day	- Prices - Power - Energy	- EV as a storage - Bidirectional communication, 24/7 online - Short term decisions → effect on the reported load schedule	
Control power	- Primary, Secondary, Tertiary - Prequalification and other formalities - Prices (Energy and Power)	- EV as a Storage, load and producer - Bidirectional communication, 24/7 online	+

Abbildung 2-1:   *Unterschiedliche Ladekonzepte für elektrische Fahrzeuge / 5 /*

Direct charging

Dabei handelt es sich um die Ladung der elektrischen Fahrzeuge ohne irgendwelche Kontrolle. Es sind hierzu für die Zukunft unterschiedliche Tarife für die Ladung der Fahrzeuge auf dem Strommarkt durchaus denkbar. Es ist außerdem keine bidirektionale Verbindung zwischen dem Anbieter und dem elektrischen Fahrzeug nötig.

Charging during night

Dieses Konzept für das Laden unterscheidet sich nicht viel von „*Direct charging*". Der einzige Unterschied dabei ist, dass man von der Ladung des Fahrzeuges während der Nacht und am Wochenende, während Leistungsüberfluss vorhanden ist und Strom zu einem billigeren Tarif erhältlich ist, ausgeht. (Vgl. Abbildung 2-2). Dieses Vorhaben lässt sich durch einfache Mittel realisieren.

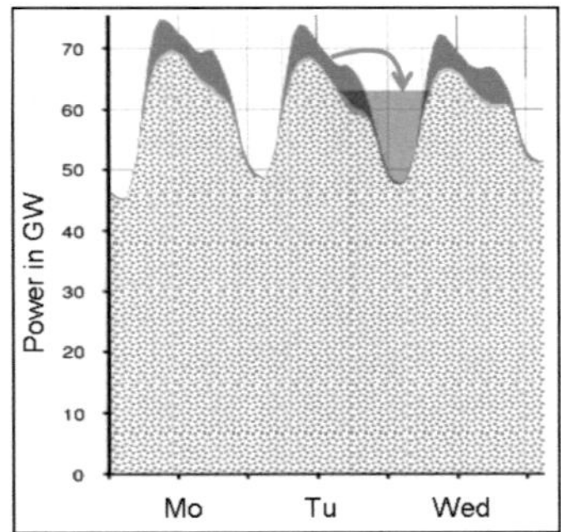

Abbildung 2-2:   *Verschiebung der Ladezeit der E-Fahrzeuge auf die Nacht /5/*

Day-Ahead „Peak-Shaving"

Die nächste Möglichkeit zur Netzintegration und optimiertem Laden von elektrischen Fahrzeugen ist der Einkauf von Strom direkt auf der Strombörse. Dabei setzt man voraus, dass die Kommunikation zwischen dem Fahrzeug und der Strombörse über eine eigenständige Organisation erfolgt. Diese fungiert praktisch als eine Schnittstelle zwischen dem Fahrzeug und der Strombörse. Der Strompreis an der Börse hängt von unterschiedlichen Faktoren ab. Unter anderem kommt er durch Schwankungen bei der Stromgewinnung aus regenerativen Energien, sowie Angebot und Nachfrage zustande. Mit Hilfe dieses Konzeptes können die elektrischen Fahrzeuge zu einem äußerst dynamischen Strommarkt führen.

Intra-Day

Die Voraussetzungen für dieses Konzept ähneln dem „*Day-Ahead*" Konzept. Die Teilnahme an diesem Markt bringt den elektrischen Fahrzeugen die Möglichkeit, als Stromspeicher auf dem Markt zu fungieren. Dabei kann das Laden- und Entladen der Fahrzeuge den Preis an der Börse beeinflussen. Der Vorteil für die Fahrzeuginhaber ist hierbei die Möglichkeit, Geld zu sparen oder sogar durch Rückspeisung ins Netz dazu zu verdienen. Aus energiewirtschaftlichem Aspekt ist es wichtig, den Energieausgleich zwischen dem Angebot und der Nachfrage auf dem Markt aufrechtzuerhalten und damit die Netzfrequenz stabil zu halten.

2.3 Ladestrategien

2.3.1 *Rein passiv*

Wenn man die Fahrzeuge einfach mit maximaler Leistung auflädt, sobald sie ans Stromnetz angeschlossen werden, so werden sich typischerweise gewisse Lastspitzen ergeben, da viele Fahrzeugbesitzer einen ähnlichen Tagesablauf haben.

Da diese Lastspitzen mit den Lastspitzen durch den sonstigen Stromverbrauch ungefähr deckungsgleich sind (Einschalten von PC, Arbeitsmaschinen... zu Arbeitsbeginn; Licht, Fernseher... am Abend), würden sich die Lastspitzen summieren und zu einer stärkeren Belastung des Netzes führen. Dies kann jedoch durch intelligente Regelalgorithmen verhindert werden. Das Laden von Elektrofahrzeugen am Abend kann auf die späten Nachtstunden verschoben werden, in denen normalerweise sehr wenig Strom verbraucht wird. Wenn der Stromanschluss, mit dem das Fahrzeug verbunden ist, über Stromzähler verfügt, die zwischen Hochtarif- und Niedertarifstrom unterscheiden können, können durch das Nachtladen zusätzlich die Kosten gesenkt werden. Das Laden während des Tages kann ebenfalls optimiert werden. Da es im Verlauf eines Tages zu Schwankungen im Stromverbrauch kommt, muss die von Kraftwerken bereitgestellte Leistung diesen Verbrauchsschwankungen durch Regelleistung angepasst werden. Wenn man den Ladevorgang der Elektrofahrzeuge so steuert, dass diese hauptsächlich in den Leistungstälern geladen werden, so kann die benötigte Regelleistung verringert werden. Dadurch werden die Kraftwerke gleichmäßiger belastet, was zu höheren Wirkungsgraden und zu einer höheren Wirtschaftlichkeit führt. Dabei ist zu beachten, dass es einfache Möglichkeiten geben muss, die Ladestrategien an zukünftige Entwicklungen anzupassen. Durch einen verstärkten Ausbau der Photovoltaik, die bekanntermaßen nur am Tag Strom produziert, könnte es sein, dass in Zukunft auch zur Mittagszeit eine große Überkapazität bei der Stromerzeugung entsteht, die von Elektrofahrzeugen günstig genutzt werden kann. Das Gleiche gilt für Windkraftanlagen an Tagen mit starkem Wind.

2.3.2 *Bidirektionales Laden*

Bei einer großen Zahl an Elektrofahrzeugen ist auch eine weitere Möglichkeit denkbar. Bei einer ausreichend großen Stückzahl wird zu jedem Zeitpunkt auch eine große Zahl an Fahrzeugen ans Stromnetz angeschlossen sein. Diese Fahrzeuge bilden zusammen ein virtuelles Kraftwerk, das zur Energierückspeisung in das Stromnetz verwendet werden kann. Dadurch wäre es möglich, Lastspitzen im Netz auszugleichen und somit auch positive Regelleistung zu erbringen /8/.

Zu beachten wäre hierbei allerdings, wie sich dadurch die Zahl der Ladezyklen der Akkus und damit auch ihre Lebensdauer verändert. Die Verringerung der Lebensdauer muss durch die Vergütung der zur Verfügung gestellten Regelleistung mindestens ausgeglichen werden. Trotz der Vorteile, die sich durch die oben erwähnten Ladestrategien ergeben, muss darauf geachtet werden, dass die Fahrzeuge immer dann, wenn sie eingesetzt werden sollen, nach Möglichkeit mindestens die für die nächste Fahrt benötigte Energie besitzen. Daher sollten die Fahrzeuge selbstständig Verbrauchsprofile erstellen, um die Energiemenge zu bestimmen, die zum jeweiligen Zeitpunkt (abhängig von Uhrzeit, Wochentag, Jahreszeit...) normalerweise benötigt wird.

Zusätzlich sollte der Fahrer des Fahrzeugs die Möglichkeit haben, bestimmte Szenarien von Hand einstellen zu können, die das Fahrzeug dann in eine geeignete Ladestrategie umsetzen kann. Auf jeden Fall ist es erforderlich, dass ein Modus gewählt werden kann, bei dem das Fahrzeug so schnell wie möglich aufgeladen wird. Um zu verhindern, dass dieser Modus immer verwendet wird, sind finanzielle Anreize für die anderen Modi notwendig.

2.4 Schaffung einer Infrastruktur/Bezahlkonzepte

Die Infrastruktur für die Ladestation zu Hause kann jeder Fahrzeughalter selbst finanzieren, solange sie nicht zu hoch ausfallen. Das Gleiche gilt für Besitzer von Fuhrparks.

Wenn jedoch öffentliche Ladestationen und Stromtankstellen geschaffen werden sollen und diese nicht nur durch staatliche Fördermittel finanziert werden sollen, so muss darauf geachtet werden, dass solche Investitionen auch wirtschaftlich sind. Daher müssen die Investitionskosten möglichst gering gehalten werden (möglichst einheitliche Ladesysteme für alle Hersteller und Modelle). Wenn dies nicht ausreicht, muss der Strom an diesen Ladestationen teurer verkauft werden um eine Wirtschaftlichkeit zu erzielen und Investoren für die Schaffung einer Infrastruktur gewinnen zu können. Auch ist es denkbar, dass der Strom für Elektrofahrzeuge anders besteuert wird. Ein weiterer Punkt ist die Vergütung bei Energierückspeisung ins Stromnetz.

An Stromtankstellen kann die Bezahlung so erfolgen, wie dies heutzutage beim Tanken auch geschieht. Ein Messgerät erfasst, wie viel Energie dem Fahrzeug zugeführt wurde und ermittelt den Preis, der dann an einer Kasse zu bezahlen ist.

Bei Ladestationen an Parkplätzen, an denen Fahrzeuge über längere Zeiträume unbeaufsichtigt mit der Ladestation verbunden sind, gestaltet sich die Sache etwas aufwändiger. Hierbei muss die Identität des Fahrzeugs, das aufgeladen wird, der Ladestation bekannt sein. Dadurch kann Missbrauch (Stromdiebstahl) verhindert werden. Die Identität des Fahrzeugs kann über Funk, oder durch eine zusätzliche Signalleitung im Ladekabel übermittelt werden. Auch muss ein Protokoll erstellt werden, wie viel Energie, zu welchem Preis dem Fahrzeug zugeführt und wie viel Energie zu welchem Preis dem Fahrzeug entnommen wurde (je nach Ladekonzept). Das Bezahlen der Rechnung könnte in diesem Fall über das Konto des Fahrzeughalters erfolgen, dessen Identität durch das Übermitteln der Fahrzeugidentität bekannt ist. Alternativ könnte vor jedem Ladevorgang eine Bankverbindung angegeben werden.

2.5 Weitere Konzepte

2.5.1 *Brennstoffzellenfahrzeug*

Eine weitere Variante der Elektrofahrzeuge, die momentan etwas aus dem Rampenlicht verschwunden ist, stellen die Brennstoffzellenfahrzeuge dar. Dabei wird der Elektromotor (gegebenenfalls auch mehrere Elektromotoren) mit elektrischem Strom betrieben, der zuvor in einer Brennstoffzelle erzeugt wurde. Meist wird dabei eine Batterie als Zwischenspeicher verwendet. Die für Elektrofahrzeuge bevorzugt verwendete PEM-Brennstoffzellentechnologie wird mit Wasserstoff aus einem mitgeführten Tank und Sauerstoff aus der Umgebungsluft betrieben. Da der Wasserstoff in großen Tanks zwischengespeichert wird und nicht zum Zeitpunkt der Betankung des Fahrzeugs erzeugt wird, ist der Zeitpunkt der Wasserstoffgewinnung unabhängig vom Zeitpunkt des Tankens. Daher kann der Wasserstoff immer dann gewonnen werden, wenn viel Energie erzeugt und nur wenig verbraucht wird.

2.5.2 *Ladestationen als Inselsysteme*

Ein weiteres Konzept wäre Ladestationen als vom Stromnetz unabhängige Inselsysteme zu realisieren. In dicht besiedelten Regionen wie Europa, in denen es ein gut ausgebautes Stromnetz und viele potentielle Elektrofahrzeuge gibt, wäre das natürlich weniger sinnvoll. Aber in dünn besiedelten Gegenden (z.B. ländliche Regionen in Kanada und Australien) in denen nur selten Autofahrer vorbeikommen, könnte das Aufstellen eines Windrades oder eines Solarmoduls in Verbindung mit einem Speicher eine kostengünstige Alternative zum Verlegen einer langen Leitung zur Anbindung an das Stromnetz darstellen. Das Gleiche gilt auch für Entwicklungsländer mit schlecht ausgebautem Stromversorgungsnetz. Allerdings ist hierbei zunächst zu überlegen, ob in solchen Regionen überhaupt Elektrofahrzeuge eingesetzt werden sollen.

3 Simulationsbeispiel

Ergebnisse aus den bisherigen Forschungsarbeiten zeigen, dass die Zunahme der Anzahl von elektrischen Fahrzeugen und gleichzeitig ihr unkontrolliertes Laden zu immensen Problemen bezüglich des Stromnetzes führen könnten. In diesem Kapitel wird anhand eines Beispiels, das an der Forschungsstelle für Energiewirtschaft e.V. erstellt wurde, versucht, die Wirkung der Zunahme der Anzahl von elektrischen Fahrzeugen auf das deutsche Energieversorgungsnetz nachzubilden. Hierbei werden zwei unterschiedliche Szenarien, nämlich optimistische und pessimistische, die sich in erster Linie in der Anzahl der simulierten Fahrzeuge unterscheiden, betrachtet. Zunächst wird die für dieses Simulationsbeispiel verwendete Methodik näher vorgestellt. Anschließend werden die zwei angenommenen Szenarien herangezogen und im Anschluss die Simulationsergebnisse präsentiert und ausgewertet. Es ist darauf hinzuweisen, dass aus Platzgründen nur die wichtigsten Bestandteile der Methodik und Simulationsergebnisse hier in dieser Arbeit vorgestellt werden.

3.1 Verwendete Methodik

3.1.1 *Betrachtete Fahrzeugtypen*

In diesem Abschnitt werden die drei für diese Simulation betrachteten Referenzfahrzeuge vorgestellt. Es werden zwei rein elektrische Fahrzeuge und ein Plug-In-Hybridfahrzeug der Mittelklasse in Betracht gezogen.

3.1.1.1 *Kleinwagen:*

Diese Fahrzeugklasse wird durch **Smart Fortwo** repräsentiert. Diese Fahrzeuge verfügen über eine Leistung von 30 kW und eine Reichweite von 115 km.

3.1.1.2 Kompaktklasse:

Hierzu wird der **VW Golf City Stromer** in Betracht gezogen. Dieses Fahrzeug hat einen durchschnittlichen Verbrauch 20 kWh auf 100 km und eine Leistung zwischen 40 und 80 kW (Abhängig von der jeweiligen Modellvariante).

3.1.1.3 Plug-In-Hybrid:

Bei diesen Fahrzeugklassen geht man davon aus, dass ein Großteil der Fahrten elektrisch zurückgelegt wird. Der Verbrennungsmotor funktioniert hierbei quasi als Range-Extender. Bei einer rein elektrischen Fahrt geht man von einem spezifischen Verbrauch in Höhe von 24 kWh/100 km und einer Leistung zwischen 50 und 100 kW aus. Der höhere Verbrauch ist hierbei durch das Zusatzgewicht des Verbrennungsmotors bedingt. Diese Fahrzeuge stehen vor allem momentan in der Diskussion, da sie die Möglichkeit bieten, direkt am Netz aufgeladen werden zu können und praktisch als virtuelles Kraftwerk betrieben werden können und den Energieversorgern Regelleistung zur Verfügung stellen.

3.1.2 *Ermittlung des technischen Potenzials*

Hierzu wird zwischen sechs verschiedenen Nutzungsklassen unterschieden, nämlich die Fahrzeuge, die auf Unternehmen zugelassen sind, sowie Privat- und Pendlerfahrzeuge. Dabei werden die Pendlerfahrzeuge in 4 Unterklassen mit unterschiedlichen Weglängen unterteilt. Im Jahre 2004 waren insgesamt 46 Mio. Fahrzeuge registriert. Davon waren 4,9 Mio. auf Unternehmen zugelassen, und der Rest auf Privatpersonen.

Mit Hilfe der Anzahl von Fahrzeugen, die voraussichtlich substituiert werden, und der gesamten zurückgelegten Kilometer, wird das technische Potenzial[1] ermittelt. Anschließend kann mit Hilfe des Durchschnittsverbrauchs dieser Fahrzeuge die benötigte Energie berechnet werden.

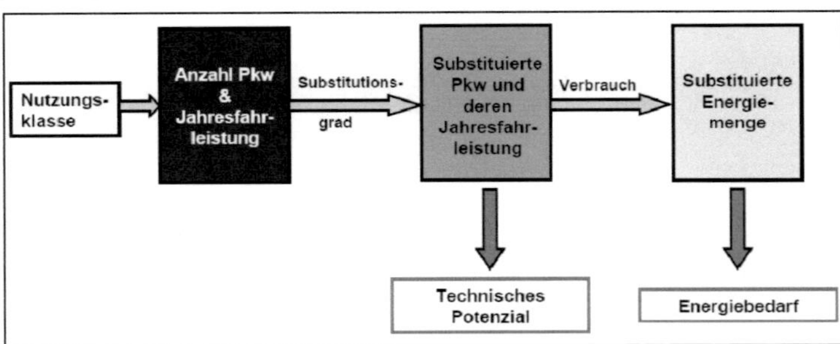

Abbildung 3-1: *Vorgang zur Bestimmung des technischen Potenzials und Energiebedarfs*

Nachdem das technische Potenzial und damit der Energieverbrauch der verschiedenen Nutzungs- und Fahrzeugklassen ermittelt wurde, soll bestimmt werden, zu welchen Zeiten die Nachfrage nach Energie entsteht. Dies wird in einem Wochengang dargelegt.

---

[1] *„Das technische Potenzial ergibt sich aus dem theoretischen Potenzial unter Berücksichtigung technischer, ökologischer, infrastruktureller und anderer Belange" /4/.*

Hierzu dient die stündliche Pkw-Nutzung für jeden Tag der Woche aus /4/. In Abbildung 3-2 ist der Wochengang zu sehen.

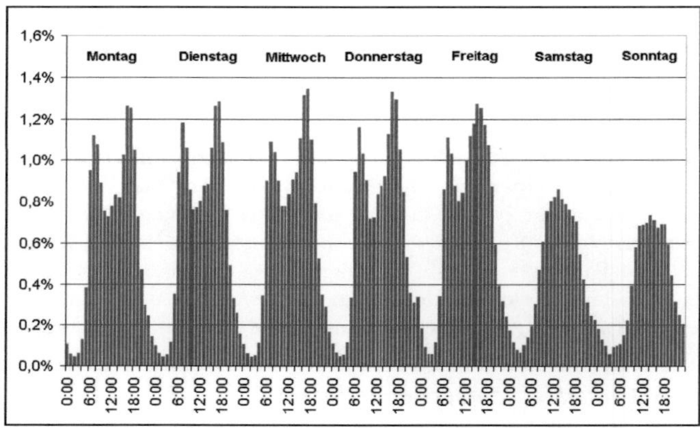

Abbildung 3-2:   *Wochengang des Pkw-Verkehrs in Prozent /4/*

Ausgehend aus der Abbildung 3-2 wird der Lastgang der Energienachfrage, die durch die elektrischen Fahrzeuge zustande kommen berechnet.

3.1.3 *Bestimmung des Lastgangs*

Um den Lastgang zu bestimmen, wird der Verkehr zunächst in sechs unterschiedliche Nutzungsklassen eingeteilt und die Prozentangaben in Kilometer umgerechnet. Die Einstundenintervalle werden in zwölf kleinere fünf-Minuten-Intervalle aufgeteilt. Das hat zur Folge, dass der Verkehr in einer Stunde in zwölf Intervalle gleichmäßig verteilt wird. Die Energienachfrage lässt sich durch zurückgelegte Strecke in jedem Intervall bestimmen. Es wird festgelegt, dass das Fahrzeug im Anschluss an die Fahrt aufgeladen wird. Dadurch ist die benötigte Energie für jede Zeit bekannt, und der Lastgang kann damit bestimmt werden.

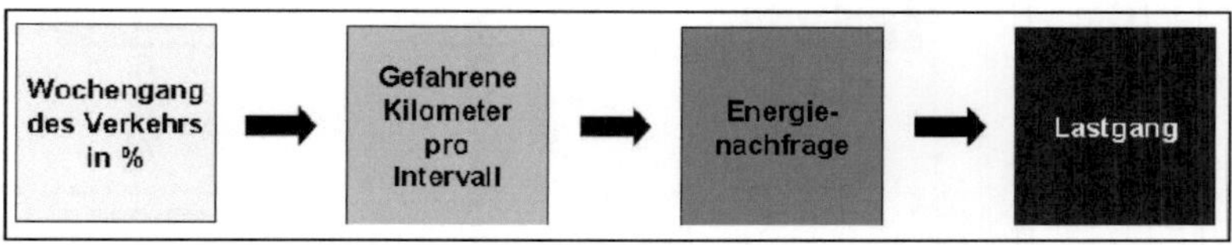

Abbildung 3-3:   *Ermittlung des Lastgangs*

3.1.4 *Verbrauch*

Die beiden Szenarien führen zu zwei unterschiedlichen Verbräuchen bei verschiedenen Fahrzeugverteilungen. Der Verbrauch der Fahrzeuge entspricht der benötigten Energie nach der Fahrt. Er wird über die zurückgelegten Kilometer und den durchschnittlichen Verbrauch der Fahrzeuge bestimmt. Um den Lastgang der beiden Szenarien hinsichtlich der Anzahl der Fahrzeuge miteinander vergleichen zu können, wird nur die Kompaktklasse in Betracht gezogen. Der spezifische Verbrauch wird dabei für beide Szenarien bei 20 kWh/100km festgelegt.

3.2 Rahmenbedingungen

3.2.1 *Pessimistisches Szenario*

Beim pessimistischen Szenario wird davon ausgegangen, dass es nur einen sehr geringen Anteil dieser Fahrzeuge substituiert wird. Es sind insgesamt wegen schlechter Marktdurchdringung nur 840000 Autos, die ersetzt werden. Für dieses Szenario wird eine elektrische Energiemenge in Höhe von 3,3 GWh nachgefragt. Hierbei fallen 1,1 GWh auf die Pendlerfahrzeuge und die restlichen 2,2 GWh auf die geschäftlich genutzten Fahrzeuge.

3.2.2 *Optimistisches Szenario*

Beim optimistischen Szenario geht man davon aus, dass neben den festgelegten Mindestzielen aus dem oben genannten nationalen Entwicklungsplan auch die weiteren Förderinitiativen, Gesetze und Anordnungen zur Marktdurchdringung dieser Fahrzeuge beitragen werden. Dabei geht man von insgesamt ca. 10mal mehr elektrischen Fahrzeugen im Vergleich zu dem vorherigen Szenario aus, so dass folglich ungefähr 8,4 Mio. Fahrzeuge ersetzt werden. Durch die höhere Anzahl der substituierten Fahrzeuge und der sich daraus ergebenden Jahresfahrleistung ist deshalb der Energiebedarf hierbei 8mal so groß wie bei dem pessimistischen Szenario und beträgt 25,5 GWh. Nun kann der durchschnittliche Verbrauch bei den beiden Szenarien anhand der Jahresfahrleistung bestimmt werden. Daraus geht eine Verachtfachung des Energiebedarfs von pessimistischen ins optimistische Szenario hervor.

3.3 Simulationsergebnisse

Der Ladelastgang der elektrischen Fahrzeuge bei den beiden betrachteten Szenarien setzt sich zusammen aus den folgenden Mitteln:

- Wochengänge der Szenarien
- Ladedauer
- Ladeleistung

In Abbildung 3-4 ist der simulierte Ladelastgang für die beiden Szenarien veranschaulicht.

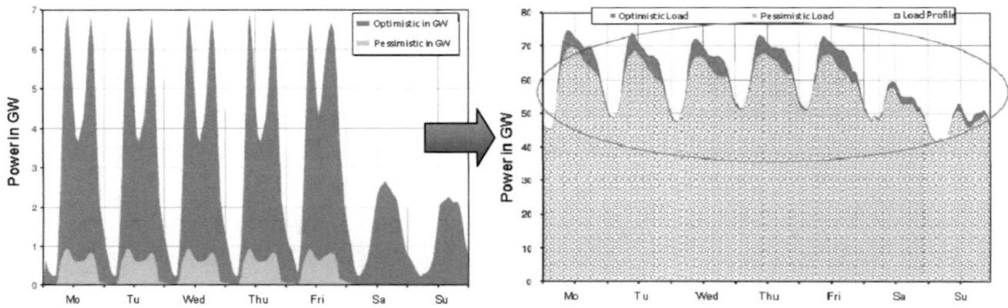

Abbildung 3-4: *Der zusätzlich benötigte Last beim Laden von elektrischen Fahrzeugen / 5 /*

Wie aus der Abbildung 3-4 hervorgeht, übersteigt bei dem pessimistischen Szenario die Energienachfrage nicht den Wert von 1 GW. Dies liegt an der Anzahl der betrachteten

Fahrzeuge für dieses Szenario. Dabei übernehmen die Geschäftlich genutzten Fahrzeuge den Größenteil der Verkehrsleistung. Die Spitzen des Ladelastgangs verursachen die Pendler Verkehr. Auf der anderen Seite ist beim optimistischen Szenario die Spitzenleistung eindeutig höher. Dabei erhöht sich während der Woche die Spitzenlast um 7 GW (10% mehr als die maximal vorhandene Leistung). Die Spitzenlast hierbei kommt vor allem durch den Pendlerverkehr zustande, der sich in der Regel in den Morgen- und Abendstunden bemerkbar macht. Außerdem am Wochenende ist eindeutig weniger Verbrauch zu sehen. Zum einen liegt es an dem geringen Verkehr in diesem Zeitraum und zum anderen an dem nur vorkommenden Pendlerverkehr. Dieser liegt am Samstag bei 2,5 GW und am Sonntag bei 2,2 GW. In dem rechten Bild ist der wöchentliche Verlauf der Leistungskurve in Deutschland und die zusätzlich benötigte Leistung durch die Ladung der elektrischen Fahrzeuge in den beiden Szenarien dargestellt.

4 Zusammenfassung und Fazit

Es sind seit ein paar Jahren erste elektrisch angetriebene Fahrzeuge auf dem Markt erhältlich. Allerdings weisen heutige Modelle im Vergleich zu herkömmlichen Fahrzeugen teilweise noch deutliche Mängel auf. Vor allem in den Punkten Reichweite, Tankzeiten und bei der Höchstgeschwindigkeit sind sie Fahrzeugen mit Verbrennungsmotor noch unterlegen, oder aber zu teuer, um wirklich konkurrenzfähig zu sein. Zu den Vorreitern im Bereich der Elektromobilität gehören die japanische und amerikanische Automobilindustrie. Aber auch in Europa wird die Elektromobilität vorangetrieben. Unter anderem wird in Deutschland durch verschiedene Förderinitiativen, wie dem nationalen Entwicklungsplan Elektromobilität, versucht, den Elektrofahrzeugen einen größeren Marktanteil zu verschaffen und dabei Deutschland zu einer Führungsposition im Bereich der Elektromobilität zu verhelfen. Zur Energieübertragung in das elektrische Fahrzeug sind prinzipiell mehrere Technologien denkbar, unter anderem induktive Übertragung, Wechselakkus oder Ladekabel. Wobei Ladekabel bezüglich der Kosten für die Infrastruktur auf absehbarer Zeit die wahrscheinlichste Lösung darstellt. Beim Laden des Fahrzeuges ist darauf zu achten, dass unnötige Lastspitzen vermieden werden. Hierfür sollte die Ladelast nach Möglichkeit auf Zeitpunkte mit geringer herkömmlicher Stromlast oder großen Überkapazitäten bei der Energieerzeugung (z. B. durch regenerative Energien) verschoben werden. Mit Hilfe einer intelligenten Netzintegration dieser Fahrzeuge könnte gegen entsprechende Vergütung den Energieversorgern bei Bedarf Regelleistung zur Verfügung gestellt werden. Dies hätte zur Folge, dass Angebot und Nachfrage auf dem Strommarkt besser aufeinander abgestimmt werden können und eine ausgeglichenere Belastung des Stromnetzes zustande kommt.

Außerdem aus den Ergebnissen der Simulation geht bei einer gesicherten Last in Höhe von 82,7 GW in Deutschland hervor, dass im pessimistischen Szenario die vorhandene Leistung aus dem Kraftwerkpark in Deutschland die zusätzlich benötigte Last problemlos zur Verfügung stellen kann. Auch in dem Optimistischen Szenario übersteigt sie die gesicherte Last nicht. Diese Lastgänge verdeutlichen die Wichtigkeit eines intelligenten Lastmanagement in der Zukunft /4/.

5 Literaturverzeichnis

/1/   Deutsches Institut für die Wirtschaftsforschung e.V.: *kurzfristige Aktionismus vermeiden, langfristige Chancen nutzen* -
http://www.diw.de/documents/publikationen/73/diw_01.c.358259.de/10-27-1.pdf

/2/   Bundesregierung: *Etablierung der Nationalen Plattform Elektromobilität –* Version: Juli   2010
http://www.bundesregierung.de/Content/DE/Artikel/2010/05/2010-05-03-elektromobilitaet-erklaerung.html

/3/   Claus, Maximilian: *Lithium-Ionen-Akkumulatoren für den Automotiv-Bereich*
http://www.maximilian-claus.de/wp-content/uploads/studentisches/Lithium-Ionen.pdf

/4/   Blank, Tobias: *Elektrostraßenfahrzeuge – Elektrizitätswirtschaftliche Einbindung von Elektrostraßenfahrzeugen – Version: 2007.*
http://www.ffe.de/download/langberichte/E.ON_Elektrostrassenfahrzeuge_Endbericht_20080611.pdf

/5/   Mauch, Mezger, Köll, Rasillier: *Analysis of the potential for the Integration of the Integration of an EV Fleet into the power – Version: 2010* -
http://www.ffe.de/wissenffe/papers/325-analysis-of-the-potential-for-the-integration-of-an-ev-fleet-into-the-power-grid

/6/   Engel, Tomi: *Netzintegration von Elektrofahrzeugen, Teil 1* – Version: 2010
http://www.dgs.de/fileadmin/sonnenenergie/SE-2009-02/SE-2009-02-s075-Mobilitaet-Netzintegration.pdf

/7/   Engel, Tomi: *Netzintegration von Elektrofahrzeugen, Teil 3* – Version: 2010
http://www.dgs.de/fileadmin/sonnenenergie/SE-2009-05/SE-2009-05-s080-Mobilitaet-Netzintegration.pdf

/8/   Marwede, Max, Knoll Michael: *Dossier Elektromobilität und Dienstleistungen-* Version:2010 - http://www.izt.de/fileadmin/downloads/pdf/ArbeitsBericht_39.pdf